TEMA 6

LOS AMBIENTES SEDIMENTARIOS.
LITOGÉNESIS. LAS ROCAS
SEDIMENTARIAS MÁS IMPORTANTES.

0. INTRODUCCIÓN

En este tema veremos cuáles son los principales ambientes sedimentarios, así como la formación de las rocas sedimentarias y los grupos más importantes que hay de éstas.

Los ambientes sedimentarios ocupan una gran extensión en la superficie de la Tierra, siendo su variedad y características muy diversas. Es por eso que en este tema nos centraremos en las principales características, dejando para otra ocasión los aspectos más concretos.

En primer lugar, resaltaremos los procesos que van a originar los materiales sedimentarios para caracterizar, después, los ambientes sedimentarios más importantes de nuestro planeta, así como los principales procesos de formación de rocas sedimentarias. Finalmente, haremos un repaso de las principales rocas sedimentarias que existen.

Este tema es importante desde el punto de vista petrogenético, pues trata uno de los tres grandes grupos de rocas que forman la superficie del planeta, que por su omnipresencia y gran extensión, nos resulta a veces familiar, pero otras nos pasa desapercibido.

1. PROCESOS EXÓGENOS

En este primer apartado veremos los procesos que tienen lugar en los ambientes sedimentarios, que van a proceder a la formación de este tipo de rocas. Estos son la *meteorización, erosión, transporte, sedimentación* y *litogénesis*. El conjunto de transformaciones de los sedimentos hasta la formación de la roca se conoce como **litogénesis**.

1.1. Meteorización

La meteorización es la ruptura de la roca por la acción de factores físicos, químicos y/o biológicos. No implica movimiento de los fragmentos generados. En términos generales, se habla de tres tipos de meteorización:

- **Meteorización física o mecánica**. Consiste en la ruptura de la roca por medio de procesos físicos. Los fragmentos conservan las propiedades de la roca inicial. La meteorización mecánica se puede dar en los siguientes casos:

  - Variaciones de temperatura: Las rocas se pueden fragmentar por variaciones de temperatura entre el día y la noche, o la cara que está expuesta al Sol y la que no. Este factor es frecuente en ambientes desérticos.

  - Gelifracción: es la ruptura de la roca por la acción del hielo. El agua penetra por huecos y grietas de la roca y, posteriormente, debido al descenso de la temperatura, se congela (de fuera hacia dentro), aumenta de volumen y ensancha la grieta; después de ocurrir este proceso varias veces, la roca acaba por romperse.

  - Haloclasticidad: se trata de un proceso que actúa de manera similar al anterior. Líquidos con sales entran en la roca; al evaporarse, se forman cristales que expande las grietas hasta que acaban por romper la roca.

- **Meteorización química**. Es la ruptura de las rocas por procesos químicos. Este tipo de meteorización implica el cambio de en la composición y propiedades químicas de la roca. Otra característica es que siempre tiene lugar en presencia de agua. Los procesos que pueden tener lugar son los siguientes:

  - Disolución: se produce en rocas con sales que se disuelven en presencia de agua.

- **Oxidación**: las rocas compuestas por metales pueden sufrir una oxidación de éstos por la acción del oxígeno atmosférico.

- **Carbonatación**: es un tipo especial de disolución en que las rocas carbonatadas se disuelven por la presencia del dióxido de carbono disuelto en el agua. Esto ocurre en las calizas.

- **Hidratación**: algunos minerales tienen la capacidad de incorporar agua en su estructura cristalina, lo cual altera su composición y conlleva al debilitamiento de la roca y posterior ruptura.

- **Meteorización biológica**. Se trata de la acción que ejercen los seres vivos sobre las rocas. Esta acción puede ser física o química. La física sería la que realizan, por ejemplo, las raíces de las plantas sobre las rocas o los animales zapadores en el suelo. La química se lleva a cabo mediante productos metabólicos derivados de líquenes, bacterias, o bien excrementos y exudados que pueden alterar la roca.

1.2. Erosión, transporte y sedimentación

Una vez disgregada la roca se procede a su extracción del lugar de origen para ser transportada a otro lugar, más o menos lejano, donde se depositará y formará nuevas rocas.

- **Erosión**. La erosión es el desgaste de la roca producido por el agua, el viento o el hielo. Siempre va asociada a la siguiente acción, el trasporte.

- **Transporte**. El transporte es el desplazamiento de los fragmentos erosionados a otros lugares por medio del viento, agua, etc.

- **Sedimentación**. La sedimentación es la deposición de materiales tras haber sido transportados. Se produce cuando los agentes transportadores pierden su capacidad de transporte. Esto dará lugar a los **sedimentos**.

1.3. Litogénesis

La litogénesis es la formación de la roca sedimentaria a partir de sedimentos. Para que se lleve a cabo este proceso se necesitarán una serie de factores fisicoquímicos que consoliden los sedimentos y los transformen en roca sedimentaria.

2. AMBIENTES SEDIMENTARIOS

En este aparatado veremos los ambientes de la superficie terrestre donde tiene lugar la sedimentación y, por lo consiguiente, donde se formarán las rocas sedimentarias. Antes, no obstante, veremos algunos de los factores más representativos que influyen en la sedimentación.

2.1. Factores que influyen en la sedimentación

Como ya hemos dicho, la sedimentación es el proceso anterior a la formación de las rocas sedimentarias. La formación de una roca sedimentaria, su composición química y su estructura final vendrán condicionados por una serie de factores químicos, físicos y biológicos.

- **Factores químicos**.

  - <u>Temperatura</u>: este factor influyen en la velocidad de las reacciones, así como en la solubilidad de ciertas sustancias como el dióxido de carbono.

  - <u>Salinidad</u>: la concentración de sales en un medio acuático afectará a las características de la roca que se forme a partir de él.

  - <u>pH</u>: algunos compuestos, como los carbonatos, pueden ver alterada su deposición por el pH del medio.

- **Factores físicos**.

  - <u>Agitación del medio</u>: la forma y estructura final de los sedimentos dependerá de características del medio como la existencia de corrientes, el cambio de dirección, etc.

  - <u>Naturaleza del medio</u>: la viscosidad, densidad, oxigenación del medio también se reflejará en la roca final que se forme.

- **Factores biológicos**. La actividad biológica puede caracterizar algunos tipos de rocas. Por una parte, alteran la composición del medio, como es la concentración de oxígeno o la de dióxido de carbono. Por otra, pueden dejar restos que llegarán a formar parte de la roca, como conchas, esqueletos y otros.

2.2. Tipos de ambientes sedimentarios

Las rocas sedimentarias se forman en lugares concretos de la superficie terrestre llamadas **cuencas sedimentarias**. Éstas estarán muy relacionadas con el tipo de clima, que determinarán muchos de los factores físicos y químicos que influirán en el tipo de roca que se forme. Veamos los más importantes.

AMBIENTES CONTINENTALES

- **Ambientes gravitacionales**. La gravedad es el principal agente de transporte. Provocará movimientos en masa, principalmente en laderas, lo que tenderá a ensanchar los valles. La velocidad de los movimientos va de milímetros al año a kilómetros a la hora. Existen diversos tipos:

  - Desprendimientos y vuelcos: se producen por caída brusca de material. Genera conos de derrubios que se acumulan en **talud de derrubios**.

  - Deslizamientos (slide): son movimientos del terreno en los que el movimiento se concentra en la base del cuerpo móvil.

  - Flujos: en estos movimientos, la velocidad máxima está en la superficie de la masa que se mueve y la mínima en la base. Normalmente, se vienen diferenciando tres tipos:

    - *Reptación* (creep): el manto superficial del terreno se empapa y resbala, llegando a inclinar árboles y postes.

    - *Solifluxión*: se trata de una reptación más rápida ligada a zonas periglaciares, donde son frecuentes los procesos de hielo-deshielo. La capa deshelada se desliza sobre la inferior, que está aún congelada. Su velocidad es de pocos metros al año.

    - *Coladas de barro* (mudflow): son movimientos mucho má rápidos que los anteriores. Son originadas por el peso de los materiales que se empapan de agua y se deslizan en favor de la pendiente.

- **Abanicos aluviales**. Son formas sedimentarias en forma de abanico que aparecen en zonas de ruptura de pendiente, y que normalmente se encuentran recorridos por torrentes. En la cabecera aparecen depósitos desorganizados, **mantos de derrubido** o **cuenca de recepción**, a continuación existen zonas donde el agua circula sin cauce fijo, llamadas **canal de desagüe** y, finalmente, los sedimentos se depositan en **mantos de arroyada** o **conos de derrubio**. También es frecuente ver a más distancia depósitos de materiales más finos formando los llamados **depósitos de piedemonte**.

- **Sedimentación fluvial.** Se produce, principalmente, en la parte baja de un río. Cuando el río se anastomosa, los canales quedan separados por **barras** -que son visibles, al menos, durante la época seca- de gravas y arenas con estratificación cruzada. Cuando existen **meandros**, las partículas sedimentan en las caras internas, donde la velocidad es menor. También se forman **diques naturales** (levées) de arcilla y arena en las orillas de los canales y **lóbulos de derrame** de arcillas cuando la corriente rompe estos diques. En estos ambientes también son característicos los depósitos en **terrazas**.

- **Ambientes lacustres.** Existen diferentes tipos de lagos según los sedimentos que se depositen:

  - Salinos: son lagos con una alta concentración de sales, típicos de regiones áridas.

  - Carbonáticos: son lagos donde los seres vivos favorecen la precipitación de rocas carbonatadas. Por ejemplo, la fotosíntesis disminuye la concentración de CO_2 del agua y hace que precipite el carbonato cálcico.

  - Detríticos: son lagos que reciben gran cantidad de material del exterior. Se deposita el más grueso en las orillas y el más fino en el centro, que puede incluir masa orgánica, generando carbón y petróleo.

- **Ambiente glaciar.** En los frentes de glaciares se depositan unos sedimentos angulosos y mal clasificados llamados **till**. En los glaciares de valle aparecen **morrenas de fondo o terminales**, **drummlins** (montículos elípticos y alargados en la dirección de avance de unos 100 m), **eskers** (formas también alargadas depositadas por torrentes) y **bloques erráticos**. Otro sedimento típico de estas zonas son las **varvas glaciares**, que se depositan en los lagos glaciares; las bandas se deben al distinto tamaño de las partículas que se depositan en invierno y verano.

- **Ambiente eólico.** Son ambientes donde hay mucho viento y poca vegetación. Se forman desiertos (cálidos o fríos). Las formas de sedimentación pueden ser menores, **ripples**, o mayores, **dunas**. Las dunas son diferentes según la dirección en que sople el viento:

  - Transversales: son dunas perpendiculares a la dirección del viento, cuando éste es unidireccional.

  - Barjares: se forman en lugares donde cambia algo la dirección del viento; las formas anteriores se rompen en fragmentos en forma de media luna.

- **Longitudinales**: los vientos son bidireccionales, oblicuos. Las dunas que se forman son más o menos paralelas a la dirección del viento principal.

- **Inversas**: se forman en lugares en que los vientos son opuestos.

- **En estrella**: los vientos son multidireccionales; las dunas presentan varios brazos.

- **Dunas costeras**: este tipo de dunas aparecen cerca del mar y se distinguen porque siempre presentan vegetación.

- **Cuencas de origen tectónico**. Son los rifts intracontinentales. Estos reciben sedimentos de lagos, ríos, abanicos de los escarpes de falla, etc. Son los llamados **aulacógenos**.

AMBIENTES DE TRANSICIÓN

- **Ambiente costero**. En este tipo de ambientes, la sedimentación dependerá de los movimientos de la masa de agua. Una forma típica que encontramos son los acantilados. Éstos pueden tienen dos partes básicas:

  - **Plataforma de abrasión**: son materiales depositados al pie del acantilado procedentes de las paredes verticales.

  - **Terraza de acumulación**: son las zonas que se encuentran por debajo de la plataforma de abrasión donde se acaban de triturar y se acumulan los sedimentos.

  Un proceso característico que se da en el ambiente costero es la **deriva litoral**. Se produce cuando el viento es oblicuo a la línea de costa; entonces, los sedimentos se desplazan en dirección de esta deriva, pudiéndose formar **flechas de arena**, como la flecha del Mar Menor de Murcia, o **tómbolos**, como elPeñón de Ifach, en Alicante.

- **Ambiente mareal**. En este ambiente se depositan arcillas laminadas, donde la estratificación puede desaparecer a causa de la bioturbación producida por los animales. Las **marismas** son las zonas más altas, donde tienen también parte de influencia las aguas dulces continentales. La desecación de pequeñas masas de agua puede generar **salmueras**. En zonas supramareales, si hay una gran aridez, pueden aparecer lagunas muy salinas llamadas **sabkha**, donde precipitan evaporitas.

- **Ambiente de isla barrera – lagoon**. Son ambientes con mucha energía. Existen playas e islas barreras separadas de tierra firme por un lagoon y alimentadas por corrientes de deriva litoral.

- **Ambiente deltaico**. Son sedimentos acumulados por un río. Su deposición dependerá de la cantidad de material que transporte el río, la fuerza de las mareas y corrientes y de la subsidencia de la cuenca.

AMBIENTES OCEÁNICOS

- **Ambiente de plataforma continental**. Son zonas separadas de la costa, que llegan hasta los hasta 200 m de profundidad, entre litoral y talud continental. Se pueden llegar a acumular gran cantidad de sedimentos. Los depósitos pueden ser **silicaclásticos** (arcillas y arena) o **carbonatados** (calizas). Ésta última se produce cuando la actividad biológica es elevada. El consumo de CO_2 en la fotosíntesis desplaza la siguiente reacción hacia la izquierda y precipita el carbonato cálcico.

$$CaCO_3 + CO_2 + H_2O \rightarrow Ca(HCO_3)_2$$

En estas zonas se producen deposiciones calcáreas por parte de algas y organismos con caparazón calcáreo. Normalmente, este tipo de plataformas se generan en latitudes bajas, entre 30° N y 30° S. Se pueden construir dos tipos de plataformas:

- Tipo rampa: son plataformas poco inclinadas y sin barreras.

- Tipo lagoon: son plataformas que en el borde externo tienen una gran ruptura de pendiente. Existe una barrera física (arrecife, islas, barras) que protegen un lagoon interior.

- **Ambientes pelágicos**. Son ambientes oceánicos que se encuentran por debajo de la plataforma continental. El **talud** une la plataforma continental con el fondo oceánico; puede llegar hasta los 3000 metros de profundidad y tiene alrededor de un 10% de pendiente. El **glacis** es la zona final del talud, con pequeña inclinación. La **llanura abisal** viene a continuación del glacis. Se produce una sedimentación pelágica. El talud y plataforma son frecuentemente recorridos por **cañones submarinos**, originados por corrientes de turbidez, que generan **turbiditas** (alternancia arcillas y areniscas en estratos paralelos). Los depósitos carbonáticos sólo existen por encima de **lisoclina**. En la llanura abisal existen turbiditas, radiolaritas y diatomitas (estos últimos de base silícea y no carbonatada).

3. FORMACIÓN DE ROCAS SEDIMENTARIAS

3.1. Litogénesis sedimentaria

Tras sufrir un proceso de meteorización, erosión, transporte y sedimentación, se lleva a cabo la formación de la nueva roca sedimentaria. Este proceso se conoce como *litogénesis*, como ya vimos. Los procesos que intervienen en la litogénesis son muy diversos, pero en términos generales se pueden destacar tres fases:

- **Singénesis**. Es la sedimentación de los materiales en las cuencas sedimentarias.

- **Diagénesis**. Como dijimos al principio del tema, la diagénesis comprende los cambios que experimentan los sedimentos desde que son depositados, hasta que se convierten en rocas sedimentarias. Durante la diagénesis se pueden dar los siguientes procesos:

  - Compactación: el peso de los materiales que se van depositando aplastan y reducen el volumen de los que se encuentran por debajo.

  - Cementación: algunas sustancias pueden depositarse entre los sedimentos y cementarlos. Son frecuentes cementantes la calcita, la sílice o los óxidos de hierro.

  - Deshidratación: el sedimento pierde agua.

  - Formación de minerales: se pueden formar minerales propios de las rocas sedimentarias. Son minerales de nueva formación llamados *minerales autígenos*. Pueden ser el feldespato, la calcita, el cuarzo, pirita, etc.

  - Metasomatismo: este proceso está en el límite con el metamorfismo. Se produce una sustitución de iones generalmente por la intrusión de líquidos alóctonos. Este es el caso de la dolomitización de la calcita.

- **Epigénesis**. La epigénesis son los cambios que ocurren una vez se ha formado la roca sedimentaria, y antes de que se produzca el metamorfismo de la roca. Es un límite un poco abstracto pero, en términos generales, se puede decir que se produce una recristalización en grado bajo y una alteración de la roca en condiciones de presión y temperatura moderadas.

3.2. Origen de los carbones y los hidrocarburos

El petróleo y el carbón son un tipo especial de rocas que se han formado a partir de sedimentos de tipo orgánico.

- **Petróleo**. El petróleo es un conjunto de compuestos sólidos, líquidos y gaseosos. Está asociado a sedimentos generalmente de origen marino, pero también pueden ser continentales. Normalmente se encuentran a alta profundidad, impregnando una roca porosa llamada **roca almacén**. Esta roca está recubierta por encima por otra impermeable llamada **roca de cobertera**.

  Su origen está en la acumulación de materia orgánica en un medio tranquilo y anaerobio, procedente de algas y animales planctónicos, muchos microscópicos. La materia orgánica se acumula junto con el sedimento que formará la roca madre del petróleo (suelen ser arcillas, margas y calizas de grano fino). A continuación, se produce la subsidencia de la cuenca, pudiéndose formar pizarras bituminosas, que serán, posteriormente, indicadoras de petróleo. En este proceso se produce un aumento de la temperatura a unos100-150 °C, a una profundidad de 1500 a 4000 metros. La el petróleo en formación va perdiendo, proporcionalmente, oxígeno y nitrógeno y ganando carbono e hidrógeno. Después se produce una compactación y migración a superficie, donde se acumula en la roca almacén.

  En las prospecciones se buscan posibles trampas donde se haya quedado atrapado el petróleo durante su migración, como fallas, anticlinales o discordancias del terreno.

- **Carbón**. Se forma por acumulación de materia orgánica (principalmente de origen vegetal) en zona pantanosas y que cuentan con poco oxígeno para descomponer la materia, con lo que se formará un ambiente anaeróbico. Durante su formación, el carbón puede sufrir un cierto grado de metamorfismo que lo compacta, lo enriquece en carbono y lo libera de gases y líquidos. El carbón se puede formar en dos tipos de cuencas sedimentarias, principalmente:

  - Cuencas parálicas: se encuentran junto al mar; el carbón aparecerá junto a sedimentos marinos.

  - Cuencas límnicas: en zonas continentales.

4. LAS ROCAS SEDIMENTARIAS MÁS IMPORTANTES

4.1. Características de las rocas sedimentarias

Vamos a ver en este apartado, brevemente, las texturas y estructuras más frecuentes que podemos encontrar en las rocas sedimentarias.

- **Textura**. Hace referencia a la apariencia externa de la roca. Según cómo se haya formado la roca, podemos encontrar distintos tipos de texturas:

  - En rocas detríticas: estas rocas están constituidas por una **trama**, que son los minerales principales que forma la roca, una **matriz**, que son los minerales secundarios, y el **cemento**, que une a todos los anteriores. La trama y la matriz pueden presentar formas diferentes según la evolución que haya sufrido la roca.

  - En rocas químicas: en estas rocas, son frecuentes texturas como la equigranular, inequigranular, fibrosa, porosa, etc.

  - En rocas orgánicas: en estas rocas la textura es diversa. En el caso del petróleo no se suele hablar de textura, pues es líquido. En el caso carbón pueden aparecer restos de vegetales fósiles, que pueden dar una textura especial.

- **Estructura**. La estructura hace referencia a la estructura interna de la roca. En las sedimentarias, podemos resaltar las siguientes estructuras:

  - Estratificación: hace referencia al modo de disponerse los materiales en el sedimento. Pueden hacerlo uniformemente, por tamaños, de forma cruzada, etc.

  - Porosidad y permeabilidad: la porosidad es la cantidad de volumen no ocupado por las partículas de la roca, mientras que la permeabilidad hace referencia a la posibilidad de pasar un líquido por el interior de la roca, entre los poros. Ambas dependen de la disposición de los granos que forman la roca.

4.2. Clasificación de las rocas sedimentarias

Como pasa en otros tipos de rocas, la clasificación no es perfecta, engloba criterios diversos y podrían juntarse algunos grupos o generarse otros nuevos. Veamos una clasificación clásica, según su origen.

- **Rocas detríticas**. Son rocas formadas por acumulación de materiales, llamados **detritos**. Presenta una estructura típica con trama, matriz y cemento. Distinguimos tres tipos fundamentales:

  - Conglomerados: son rocas formadas por fragmentos grandes. Se distinguen varios subtipos:

    - o *Pudingas o conglomerados senso stricto*: presenta granos con bordes redondeados.

    - o *Brechas*: presentan granos angulosos.

    - o *Tillitas*: son fragmentos de origen glaciar, muy mal clasificados (hay de todos los tamaños mezclados).

  - Areniscas: son rocas con fragmentos tamaño mediano y pequeño. Se distinguen tres tipos:

    - o *Ortocuarcitas*: son areniscas silíceas.

    - o *Grauvacas*: presentan fragmentos de rocas preexistentes y, generalmente, con poca sílice y más matriz que el resto de areniscas.

    - o *Arcosas*: presentan granos de feldespato y cuarzo, aunque el cemento es frecuentemente calcáreo.

  - Arcillas o lutitas: tienen el grano muy fino. Son el tipo de arenisca más abundante. Distinguimos dos tipos:

    - o *Limolitas*: presentan un grano visible al microscopio óptico. Provienen de limos.

    - o *Arcilitas*: el grano no es visible con el microscopio óptico, pero sí con el electrónico. Provienen de arcillas.

- **Rocas químicas**. Se trata de rocas que se han formado a partir de reacciones químicas de iones que se encontraban disueltos en el agua. Hay dos tipos básicos:

  - No evaporitas: son rocas con carbonatos, sílice, hierro... Veamos cuatro ejemplos bastante frecuentes:

    - o *Calizas*: contienen carbonato cálcico.

    - o *Dolomías*: contienen carbonato magnésico.

    - o *Rocas silíceas*: contienen sílice. Se suelen formar por metasomatismo.

    - o *Rocas fosfatadas*: como la fosfatita. Son poco frecuentes.

- **Evaporitas**: se forman por acumulación de sales en zonas con alta evaporación. Como ejemplos tenemos el yeso, la anhidrita, la carnalita, la silvina y la calcita, que también puede pertenecer a este grupo.

- **Rocas de origen orgánico**. Son rocas que se han formado por acumulación de materia orgánica procedentes de restos de vegetales y animales. Existen dos tipos básicos que ya hemos visto anteriormente;

  - **Carbón**: contiene restos vegetales terrestres (árboles, arbustos y hierbas). Según la antigüedad y la cantidad de carbono que contengan se clasifican en cuatro grupos:

    o *Turba*: 60% de carbono, aproximadamente. Color marronoso, con bastantes restos vegetales.

    o *Lignito*: 70% de carbono aprox. Color negro, fibroso, con pocos restos vegetales visibles.

    o *Hulla*: 77% de carbono aprox. Color negro, muy compacta. Ha sufrido un proceso de metamorfismo.

    o *Antracita*: 91% de carbono aprox. Color negro brillante, muy dura y con fractura concoidea. Es una roca metamórfica.

  - **Petróleo**: es una roca líquida (pero se sigue considerando roca). Contiene sustancias sólidas, líquidas y volátiles. Se ha formado en mares y grandes lagos a partir de organismos planctónicos.

6. CONCLUSIÓN

Al acabar este tema hemos de ver más claramente la importancia que tiene el ciclo geológico: la destrucción de unas rocas para formas otras nuevas. Este es un proceso que ocurre lenta pero constantemente en la superficie de nuestro planeta.

Hemos podido ver la gran cantidad de rocas sedimentarias que hay según su origen, y cómo se forman unas u otras según las condiciones sedimentarias donde se hayan formado.

Bibliografía útil:

ANGUITA, F. (1991) "Procesos geológicos internos". Ed. Rueda.

ANGUITA, F. y otros. (1993) "Procesos geológicos externos y Geología ambiental". Ed. Rueda.

MELÉNDEZ, B. y otros. (2001) "Geología". Ed. Paranimfo.

STRAHLER, A. (1997) "Geología Física". Ed. Omega.

TEMA 7

0. INTRODUCCIÓN

Pese a la abundancia de elementos existentes en la tabla periódica, sólo un pequeño número de ellos representa porcentajes de abundancia superiores al 1% en las rocas del planeta. Es decir, ni todos los elementos químicos son petrogenéticos ni todas sus ordenaciones materiales ordenadas más inmediatas (los minerales) tampoco.

Por otra parte, conocemos que los elementos empleados en numerosas industrias de importancia para los seres humanos son extraídos de yacimientos minerales que, aunque no formen parte de las rocas comunes, resultan de interés.

Estos dos grupos de minerales, los petrogenéticos y los de interés económico, serán el núcleo central de mi exposición, a la que añadiré una breve descripción de las rocas de importancia económica, especialmente a los combustibles fósiles. Mi exposición seguirá el siguiente orden... (es muy conveniente exponer con claridad el orden que se va a seguir, leer el índice de una forma ágil)

1

1. MINERALES PETROGENÉTICOS

Resulta bastante aceptada una clasificación de los minerales basada en su composición química. Según esta podemos distinguir 12 grupos:

    I. Elementos nativos
    II. Sulfuros y sulfosales
    III. Haluros
    IV. Óxidos e hidróxidos
    V. Silicatos
    VI. Boratos
    VII. Fosfatos, arseniatos y vanadatos
    VIII.   Wolframatos y molibdatos
    IX. Sulfatos, selenatos y teluratos
    X. Cromatos
    XI. Carbonatos
    XII. Nitratos e Ioduratos

No obstante, para ceñirme al título de este tema, no haré una descripción exhaustiva de los minerales según su clasificación química sino que me referiré a aquellos que encontramos frecuentemente en las rocas del planeta (minerales petrogenéticos). Lo haré en el siguiente apartado.

1.1. Abundancia de los diferentes elementos en la roca

Resulta bastante adecuado, para conocer la diversidad de elementos químicos que componen las rocas y su abundancia relativa, fijarse en la proporción relativa de algunos óxidos metálicos en la corteza continental, la corteza oceánica (representada mayoritariamente por basaltos toleíticos) y el manto superior (manifestado en materiales de las erupciones volcánicas).

En la corteza continental abunda (~60%) el dióxido de silicio, seguido del óxido de aluminio (~15%). Con porcentajes de ~2-3% encontramos óxidos de hierro (II) y (III), óxido de magnesio, de calcio, de sodio y de potasio. El resto de óxidos magnéticos son menos abundantes.

En los basaltos oceánicos, la situación es similar: abundancia de SiO_2 y Al_2O_3 (~50% y ~16%, respectivamente). En este caso, los óxidos de hierro (II) (~7%) y de magnesio (~9%) también son relativamente abundantes, siendo bastante escasos el resto.

En el manto superior, continúa, aunque ligeramente menor (~45%) la predominancia del silicio, pero aparece una abundancia peculiar de los óxidos de magnesio (~40%). El óxido de aluminio deja de ser importante (~3%) y hay una buena representación de óxido de hierro (II) (~7%).

Según lo visto, es fácil comprender que los minerales más abundantes de la corteza son los silicatos, cuyo componente básico es un tetraedro de silicio $(SiO_4)^{4-}$, que puede dar lugar a disposiciones espaciales muy diversas como veremos a continuación.

1.2. Los silicatos

Describiré muy brevemente los tipos de silicatos, que se diferencian según la disposición del tetraedro de $(SiO_4)^{4-}$. Así pues, tenemos

- Nesosilicatos, formados por tetraedros aislados.
- Sorosilicatos, en los que los tetraedros forman dímeros manteniendo un átomo de oxígeno en común.
- Ciclosilicatos, en los que los tetraedros se disponen formando ciclos (normalmente 6 tetraedros por ciclo).
- Inosilicatos, los tetraedros se disponen en cadenas lineales, que pueden ser simples (piroxenos) o dobles (anfíboles).
- Filosilicatos, constituidos por láminas bidimensionales de tetraedros.
- Tectosilicatos, en los que los tetraedros forman redes complejas tridimensionales, quedando como formula química final de los tectosilicatos la siguiente: $(SiO_2)_n$.

La composición de los silicatos, basada en silicio y oxígeno, se complementa con la presencia de numerosos cationes ($Al3+$, $Mg2+$, $Ca2+$, $Fe3+$, $Fe2+$, $Na+$, $K+$), que paralelamente consiguen la neutralidad electrostática del mineral.

1.2.1 Nesosilicatos

Entre los nesosilicatos, el más importante es el olivino. Se trata, en realidad, de una familia de silicatos producidos a temperatura elevada, ricos en cationes de hierro y magnesio, que presentan un brillo vítreo y una fractura concoide. Su color está entre el negro y el verde oliva. Forman cristales pequeños y redondeados, por lo que las rocas constituidas por olivino tienen un aspecto granular. Los olivinos son propios de rocas ígneas básicas y ultrabásicas (peridotina y dunita), así como del metamorfismo de grado medio alto de rocas carbonatadas.

Otros nesosilicatos importantes son los granates, que presentan varias semejanzas con los olivinos (estructura química similar, fractura concoidea,

3

brillo vítreo,...). Su color es variable, aunque oscila entre el marrón y el rojo oscuro. Forma parte de rocas metamórficas (anfibolita, granulita, eclogita) y en sus variantes transparentes, los granates pueden ser utilizados como piedras preciosas. Son variedades conocidas el granate grosularia (verdoso, con Ca y Al), el almadino (rojo pardo, con Fe y Al), el piropo (rojo sangre oscuro, con Mg y Al) y la andradita (pardo negro, con Ca y Fe).

Debido a su elevada dureza (6,5-7,5 en la escala de Mohs) el granate, combinado muchas veces con el corindón, se emplea para producir materiales abrasivos (discos, materiales de pulido, superficies antiadherentes, aplicaciones de chorro de arena,...)

Por su importancia económica, no podemos olvidar el topacio, que se encuentra en yacimientos tipo placer, cercanos a material magmático, así como el zircón (que incorpora cationes zirconio a la red), una piedra preciosa hallada también en placeres, junto a granitos y sienitas.

Finalmente, citar el cloritoide y la estaurolita (presentes en rocas metamórficas), así como los nesosilicatos polimorfos (andalucita, silimanita, distena) presentes en rocas metamórficas de origen detrítico.

1.2.2. Sorosilicatos

No presentan excesiva importancia económica, pero podemos citar la epidota (presente en rocas magmáticas y en metamórficas) y la zoisita (de color gris verdoso, presente en el mismo tipo de rocas)

1.2.3. Ciclosilicatos

La cordierita es típica del metamorfismo de contacto de series detríticas, aunque puede observarse en pegmatitas y granitos. Puede ser alterada con facilidad originando un agregado de micas y clorita.

Encontramos en este grupo también la turmalina. Se trata de un conunto de minerales de composición química compleja y variable. Esta composición, además, puede presentar zonaciones, es decir, no es igual en el interior que en las zonas externas del mineral. La turmalina presenta una curiosa propiedad, adquiere carga eléctrica al ser calentada (mineral piroeléctrico). La forma más abúndate de turmalina es el chorlo, de color negro, muy frecuente en pegmatitas.

Finalmente, quisiera resaltar la importancia económica de otro ciclosilicato, el berilo, muy empleado en joyería en sus variedades transparentes (esmeralda, aguamarina), que adquieren coloraciones preciadas gracias a impurezas de Cr, V y Fe.

1.2.4. Inosilicatos

En esta categoría encontramos, por una parte, el grupo de los piroxenos (formados por cadenas simples de tetraedros), minerales complejos muy abundantes en la composición del manto terrestre. El ejemplo más conocido es la augita, de color negro y opaco, que incorpora iones de Fe y Mg entre las cadenas de silicato, lo que determina el plano de exfoliación de este mineral. La augita es uno de los minerales predominantes en el basalto.

El segundo grupo lo forman los inosilicatos formados por cadenas dobles (anfíboles). El miembro más común es la hornblenda, de color entre verde oscuro y negro. Aunque es parecida a la augita, se distingue porque sus cristales son más alargados. Es frecuente encontrarla en rocas volcánicas y andesitas.

1.2.5. Filosilicatos

Forman parte de este grupo las micas. La moscovita (mica blanca) es un mineral incoloro o amarillento, que presenta brillo nacarado con reflejos metálicos, y una exfoliación laminar perfecta. La encontramos en granitos y pegmatitas. La biotita (mica negra) es un mineral de color negro intenso muy abundante en granitos y pegmatitas. Se conoce también la flogopita, una variedad magnésica de la biotita.

Otro grupo de filosilicatos importantes son los minerales de las arcillas. Se trata de aluminosilicatos hidratados, cuyo tamaño de grano es muy pequeño (2-4 µm), que se expanden en presencia de agua, aumentando enormemente su plasticidad. Pertenecen a este grupo la caolinita, la illita, la montmorillonita, y la clorita.

En este grupo encontramos también la serpentina, presente en rocas metamórficas ricas en olivino que han sufrido la acción de aguas hidrotermales cercanas de zonas hidrotermales cercanas.

El talco es un filosilicato de magnesio, presente en algunas rocas metamórficas, utilizado en la industria papelera, textil y cosmética.

Finalmente, dado su uso industrial, citar la sepiolita, un mineral blanco poco denso que se emplea en la fabricación de filtros.

1.2.6. Tectosilicatos
Los grupos más importantes son el cuarzo y los feldespatos.

El cuarzo es la forma casi pura del SiO_2. Encontramos cuarzo en rocas magmáticas, metamórficas y sedimentarias, principalmente en forma de cuarzo de baja temperatura o cuarzo α. Entre sus propiedades, destaca por curiosa la piezoelectricidad, es decir, la capacidad de polarizarse eléctricamente en respuesta a una tensión mecánica. Se conocen muchísimas variedades del cuarzo (ópalo, jaspe, calcedonia, jacinto de Compostela, amatista, falso topacio, cuarzo ahumado, cuarzo rosa, cuarzo lechoso,...)

En los feldespatos, uno de los átomos de Si de la red tetragonal es sustituido por un catión Al. El defecto de carga queda compensado por la inclusión de otros cationes como el Na^+, K^+ o el Ca^{2+}. Así pues, tenemos feldespato sódico (albita), potásico (ortosa, microclina, sanidina,...) y cálcico (anortita). Existen una serie de formas intermedias entre la albita y la anortita, dependiendo de la proporción de esta última. Se trata de la serie de las plagioclasas, de gran importancia en la clasificación de las rocas ígneas. Algunos manuales establecen hasta 100 niveles en esa serie, de los que destacan, en orden creciente de acercamiento a la anortita, la oligoclasa, la andesina, la labradorita y la bitownita. Una serie análoga existe entre los feldespatos sódicos y los potásicos. Los feldespatos son abundantes en las rocas ígneas.

En este grupo de los tectosilicatos petrogenéticos encontramos un subgrupo minoritario, los feldespatoides, presentes en rocas ígneas alcalinas. Son más pobres en sílice que los feldespatos. Ejemplos son la leucita o la nefelina.

La alteración hidrotermal de feldespatos y feldespatoides da lugar a ceolitas.

1.3. Minerales petrogenéticos no silicatos

El apatito, un fosfato de calcio con flúor o cloro, de color verdoso, está presente en algunas rocas sedimentarias de origen orgánico, y resulta de importancia como fase accesoria de una gran variedad de rocas magmáticas. Proviene de la mineralización de restos orgánicos. Sus yacimientos presentan un valor económico al poder ser explotados como abonos minerales.

La calcita, un mineral extremadamente abundante del grupo de los carbonatos, está presente en multitud de rocas sedimentarias de origen químico u orgánico. Es blanca o transparente, mostrando una gran variedad de hábitos cristalinos. Es el constituyente principal de las rocas calizas, las rocas más abundantes de la cubierta sedimentaria terrestre. Su meteorización por acción del agua da lugar a los relieves de tipo kárstico.

Formada también por carbonato cálcico, igual que la calcita, encontramos el aragonito, que presenta muy frecuentemente forma de prisma pseudohexagonal. Es un producto frecuente de la alteración hidrotermal de rocas ígneas básicas.

En algunas rocas sedimentarias encontramos un carbonato que sustituye a la calcita. Si la proporción de calcita sustituida es muy elevada, la roca se denomina delomía.

Un mineral muy abundante del grupo de los sulfatos es el yeso (sulfato de calcio dihidratado). En estado cristalino, es blanco o transparente, pudiendo presentar diversas coloraciones debido a la presencia de impurezas. Es un mineral muy blando, presente con mucha frecuencia en rocas sedimentarias evaporíticas. En una serie evaporítica típica, el yeso precipita después de los carbonatos y antes que los haluros. El yeso parcialmente deshidratado es escayola (de uso en la construcción), y en su estado totalmente deshidratado se denomina anhidrita.

Otros minerales no silicatos frecuentes en las rocas terrestres son la halita, la silvina y la carnalita, haluros presentes en rocas sedimentarias de precipitación química.

2. MINERALES Y ROCAS DE INTERÉS ECONÓMICO

2.1. Minerales que constituyen menas o presentan una relevancia económica

En un yacimiento denominamos mena al mineral que se explota, ganga al resto de roca inaprovechable. Decimos que una formación es fértil si contiene concentraciones elevadas de la mena y estéril al contrario. Numerosos elementos de importancia económica son extraídos a partir de yacimientos minerales. Así mismo, muchos minerales no citados en el apartado anterior (por no ser petrogenéticos) presentan un indudable interés económico. Voy a hacer una breve descripción sistemática de los diferentes grupos de minerales resaltando este interés económico.

Las rocas serán tratadas en un apartado posterior.

2.1.1. Elementos nativos

En yacimientos tipo placer pueden hallarse diamantes, oro y cobre (también presente en zonas de actividad hidrotermal). El platino y la plata no se suelen encontrar en estado puro sino que son obtenidos de otros minerales. El uso de los materiales anteriores es obvio (joyería, herramientas industriales –diamante-, fabricación y estandarización de divisas –oro, plata, cobre-).

El grafito se emplea como lubricante y en minas de lápices. El azufre tiene usos en agricultura y en la fabricación del ácido sulfúrico.

2.1.2. Sulfuros y sulfosales

La proustita (sulfoarseniuro de plata) y la pilargirita (sulfoantimoniuro de plata) son conocidas como "platas rojas", siendo una importante fuente de este metal. La argentita (sulfuro de plata) es también una importante mena de plata.

La galena (sulfuro de plomo), es mena de este metal (~85%) y se encuentra frecuentemente en yacimientos hidrotermales y en skarns. En España, son conocidos los yacimientos de La Carolina (Jaén) y Reoán (Santander).

La blenda o esfalerita y el cinabrio constituyen importantes fuentes de Zn y Hg, respectivamente. Destacan las minas de cinabrio de Almadén (Ciudad Real).

Diferentes sulfuros de cobre (algunos con hierro combinado) son importantes menas de este metal. Cabe destacar la calcopirita, calcosina, bornita y cornellina.

Las minas de Rio Tinto (Huelva) de pirita son un importante lugar de obtención de azufre para la elaboración de ácido sulfúrico. La marcasita, al igual que la pirita, es un sulfuro de hierro, pero se origina en yacimientos carboníferos.

El mispiquel o arsenopirita (sulfuro de arsénico y hierro) se encuentra en yacimientos hidrotermales acompañado de galena, casiterita o blenda, y constituye una buena fuente de arsénico. También en este tipo de yacimientos encontramos menas de cobalto (cobaltina), de antimonio (antimonita) y de bismuto (bismutina). Esta última frecuente también en skarns.

2.1.3. Haluros

En este apartado destacar la importancia económica de la sal común (halita), y señalar el papel del fluoruro de calcio (fluorita), que se emplea para disminuir el punto de fusión de las materias primas en la fabricación de acero, o como materia prima en la fabricación de ácido hidrofluórico, usado en algunos polímeros.

2.1.4. Óxidos e hidróxidos

La magnetita es una mena de hierro, al igual que la goethita y el oligisto. La casiterita cumple ese mismo papel para el estaño y la cuprita para el cobre. Importantes menas de titanio son el rutilo y la ilmenita. La uraninita o pechblenda se forma en filones hidrotermales y, aunque poco abundante, constituye una mena de uranio y radio (que puede aparecer en trazas). La pirolusita es una mena de manganeso, de gran importancia en la industria del acero ya que aumenta su dureza y maleabilidad. La bauxita es una mena de aluminio. En España existen algunos yacimientos como el que encontramos en Os de Balaguer.

Destacan, como óxidos de uso en joyería, la espinela y el corindón. Éste se emplea en joyería en sus variedades roja (rubí), negra (esmeril) y azul (zafiro), así como en aplicaciones industriales, donde se combina con el granate para formar potentes abrasivos.

2.1.5. Silicatos

Como se trata de un grupo donde abundan los minerales petrogenéticos, su importancia ha sido comentada en el apartado anterior.

2.1.6. Boratos

El mineral más importante de este grupo es la boracita, presente en yacimientos evaporíticos, mezclada con yeso, halita, silvina,... Es una importante mena de boro.

2.1.7. Fosfatos, arseniatos y vanadatos

Algunos minerales de este grupo presentan un uso peculiar. La vivianita (fosfato de hierro) se emplea en la fabricación de pinturas de tono azul. La eritrina (arseniato de cobalto) es un indicio de la cercanía de menas de este metal, y las micas de uranio son también indicios de menas de uranio.

2.1.8. Wolframatos y molibdatos

La scheellita (wolframato de calcio) puede encontrarse en skarns, con molibdeno como impureza habitual, y constituye una mena de wolframio. Este elemento puede extraerse también de la wolframita (wolframato de hierro y magnesio).

2.1.9. Sulfatos, selenatos y teluratos

En este apartado destacaré la celestina, de origen sedimentario, una importante mena de estroncio.

2.1.10. Cromatos

La cromita (cromato de hierro) es la única mena de cromo conocida. El cromo se emplea para aumentar la viscosidad del acero.

2.1.11. Carbonatos

La calcita, dolomita y aragonito han sido comentados en el punto anterior. La siderita, mena de hierro, se encuentra en yacimientos hidrotermales o en skarns. Destaca en España la mina de Somorrostro (Vizcaya). La smithsonita, producida por alteración externa de la blenda, es una mena de zinc. La rodocrosita puede emplearse en joyería como piedra semipreciosa o ser utilizada como mena de manganeso. La cerusita, formada por alteración exógena de otros minerales de plomo (como la galena) es una mena de este metal. Finalmente, la malaquita, de un color verde característico, puede utilizarse como piedra semipreciosa o en la producción de colorantes.

2.1.12. Nitratos e iodatos

En este apartado simplemente destacaría los usos del nitrato de sodio como abono y materia prima para la fabricación de ácido nítrico o explosivos.

2.2. Rocas de interés económico

Numerosas **rocas sedimentarias** entrarían en esta categoría (además de los combustibles fósiles, que comentaré en un apartado especial).

Entre las detríticas, señalaría la importancia de los conglomerados, brechas y areniscas en la industria de la construcción (tanto inmobiliaria como en las grandes obras de vías de comunicación). Son importantes también las arcillas en la fabricaciónd e ladrillos y porcelanas.

Las rocas calizas se emplean en construcción y en la elaboración de cal.

La halita se emplea en la industria alimentaria y el yeso en construcción.

Entre las **rocas metamórficas** destacar el uso de pizarras (tejados, escritura,....), eclogitas (en lápidas, superficies pulidas), las cuarcitas (en revestimiento de suelos) y el mármol (construcción, ornamentación,...)

Entre las rocas ígneas, señalaré los basaltos y tobas volcánicas (gravas para carreteras), piedra pómez (en cosmética), la obsidiana (en ornamentación, como piedra semipreciosa), el granito, la diorita, la sienita (en construcción, ornamentación)

3. UN CASO ESPECIAL DE ROCAS DE INTERÉS ECONÓMICO: LOS COMBUSTIBLES FÓSILES

Las rocas que aportan la mayor parte de la energía consumida por la especie humana se engloban dentro de esta categoría. Cabe recordar que estos combustibles, pese a haberse convertido en elementos cotidianos, llevan asociados dos problemas importantes: su posible agotamiento y al emisión de grandes cantidades de CO^2 a la atmósfera (incremento del efecto invernadero), así como óxidos de azufre y de nitrógeno (lluvia ácida, smog) CO,...

3.1. Gas natural

Se trata de un conjunto de gases presentes en el subsuelo, frecuentemente asociados a yacimientos de petróleo, cuyo componente principal es el metano (75-95% en volumen). Suele contener también etano, butano y propano, así como compuestos que no son hidrocarburos (nitrógeno, dióxido de carbono, helio, argón, sulfuro de hidrógeno,...). El origen de este gas está estrechamente vinculado al del petróleo, produciéndose por fermentación de materia orgánica, acumulada entre los sedimentos.

Debido a la presión de confinamiento, es un gas muy fácil de transportar, y actualmente existen redes de transporte en gran parte del planeta. Sus usos son los siguientes:

- Combustible (tiene gran poder calorífico y su combustión es más limpia que la del petróleo y el carbón). Puede incorporarse también a las denominadas centrales de gas de ciclo combinado, donde se obtiene un mayor rendimiento energético.

- Materia prima → se emplea en la fabricación de amoniaco (para producir abonos nitrogenados), en la fabricación de metanol (para producir plásticos, pinturas, barnices,...), y para la obtención de otras moléculas necesarias en la industria petroquímica (propileno, butadieno, etileno,...)

3.2. Petróleo

Es un conocido líquido negro, viscoso y de baja densidad. Se compone de una mezcla muy variada de hidrocarburos que, por su tamaño, se encuentran a temperatura ambiente en los tres estados físicos. Tenemos pues componentes gaseosos (metano, acetileno, butano,...), líquidos (benceno, octanos, ectanos,...) y sólidos (asfáltos, betunes,...). En el petróleo, además, pueden encontrarse otros elementos químicos en cantidades traza (vanadio, níquel, cobalto,...), así como compuestos de oxígeno, azufre y nitrógeno.

El petróleo se origina a partir de la sedimentación masiva del plancton marino tras su muerte, ocasionada por variaciones bruscas de las condiciones fisicoquímicas del agua. Si esta materia cae en un ambiente reductor, las bacterias anaerobias la fermentan y, poco a poco, se va enriqueciendo en carbono e hidrógeno y empobreciendo en oxígeno y nitrógeno. Esta materia, unida al sedimento que la acompaña, forma una especie de roca sedimentaria denominada roca madre. Al aumentar por alguna circunstancia la presión, los materiales más ligeros tienden a abandonar la roca y migran por aquellas fisuras que el terreno les deja (planos de estratificación, rocas permeables,...). La zona de destino final se denomina bolsa petrolífera o roca almacén.

El petróleo, que debe ser refinado por un complejo proceso, tiene los siguientes usos:

- Combustible doméstico e industrial (gases de pequeño tamaño molecular, como el metano, etano, propano y butano)
- Combustible de automóviles (gasolina y gasóleo)
- En la industria química y como combustible de aviones (queroseno y nafta)
- Combustible de centrales térmicas (fuel)

3.3. Carbón

Los restos vegetales acumulados en el fondo de aguas calmadas (pantanos, lagunas, deltas,...) pueden ser descompuestos por bacterias anaerobias, siempre que tras su deposición se dé un enterramiento rápido que mantenga estables las condiciones de ausencia de oxígeno. El resultado es una degradación de sus moléculas orgánicas y un progresivo enriquecimiento en carbono, metano, dióxido de carbono y azufre. Los estratos de carbón se depositan entre capas de material sedimentario.

Dependiendo del grado de avance del proceso de carbonización, tenemos diferentes tipos de carbones. Su poder calorífico aumenta proporcionalmente al tiempo de descomposición de la materia orgánica original. En grado creciente de calidad encontramos: turbas (45-60% de C), lignitos (60-70%de C), hullas (75-90% de C), antracitas (90-95% de C) y, finalmente, un mineral de los vistos anteriormente dentro de los elementos nativos (100% de C).

Los usos del carbón son básicamente dos:

- Combustión → se utiliza en altos hornos, en centrales térmicas, así como en calefacciones domésticas (aunque está entrando en desuso)

- Destilación → este proceso, aplicado normalmente a las hullas, permite obtener diversos hidrocarburos, aceites de alquitran, amoniaco, brea, y coque (un carbón muy puro de elevada capacidad calorífica, que arde sin producir llama ni humo y es empleado en la industria siderúrgica)

5. CONCLUSIÓN

El primer apartado de mi exposición ha hecho un repaso de los grupos minerales, atendiendo a su importancia en la formación de las rocas, en la que he tratado de indicar la importancia económica de algunos de ellos.

En un segundo apartado, he expuesto brevemente una clasificación similar, pero resaltando aquellos ejemplos que, sin poseer relevancia petrogenética, dan lugar a aplicaciones interesantes o son mena de algún metal de uso industrial.

Finalmente, en dos pequeños apartados, he comentado la importancia económica de ciertas rocas y, en especial, de los combustibles fósiles, con lo que doy por concluida mi exposición.

Bibliografía útil:

ANGUITA, F. (1991) "Procesos geológicos internos". Ed. Rueda.

ANGUITA, F. y otros. (1993) "Procesos geológicos externos y Geología ambiental". Ed. Rueda.

MELÉNDEZ, B. y otros. (2001) "Geología". Ed. Paraninfo.

TARBUCK, E.J. y LUTGENS, F.K. (2005) "Ciencias de la Tierra: una introducción a la geología física", Ed. Prentice-Hall

STRAHLER, A. (1997) "Geología Física". Ed. Omega.

TEMA 8

LOS IMPACTOS AMBIENTALES DEL APROVECHAMIENTO DE LOS RECURSOS GEOLÓGICOS.

0. INTRODUCCIÓN

La explotación de los recursos de la geosfera, como toda acción sobre el medio ambiente, comporta unos riesgos y requiere una conciencia para poder ser ejecutada. Algunos de los efectos producidos son de carácter local, no por ello menos importantes. Otros, especialmente los derivados de la explotación y uso de los combustibles fósiles, contribuyen a problemáticas de escala global. La magnitud de los posibles daños inflingidos al ambiente se suele medir, finalmente, mediante los procedimientos de evaluación del impacto ambiental. Pasaré a exponer cuáles son estos impactos relacionados con la explotación de la geosfera. Lo haré según el siguiente orden... (es muy conveniente exponer con claridad el orden que se va a seguir, leer el índice de una forma ágil)

1

1. IMPACTOS DE LAS ACTIVIDADES MINERAS

Numerosos materiales que antes eran aportados por las actividades mineras han sido sustituidos por otros compuestos de obtención más sencilla. Como ejemplo ilustrativos encontramos el plomo para las tuberías, que ha sido sustituido por el PVC, derivado del petróleo; o la pirita para la obtención de azufre, que está

Muchos de los impactos derivados de la explotación de la geosfera contribuyen a problemas ambientales globales, que no he citado en este tema. Es conveniente que se haga referencia y se explique brevemente en qué consisten cada uno de estos problemas ambientales globales. Como estos problemas están detallados en el tema 50 de este temario, he optado por no incluirlos aquí (por eso este tema es de menores dimensiones). RESULTARÁ CONVENIENTE CITARLOS EN EL EJERCICIO DE OPOSICIÓN.

siendo desplazada por el uso de petróleo y carbón desulfurados; o el cobre, empleado para las conexiones eléctricas, que ha sido completamente reemplazado por el silicio derivado de arenas.

Las minas que quedan actualmente, que son pocas, suelen ser a cielo abierto. Se trata de una actividad de extracción de áridos, que precisa grandes máquinas y el procesado de grandes volúmenes de materiales.

La actividad minera, representada en su mayor parte por este tipo de explotaciones, provoca una serie de impactos sobre el medio natural y humano, que explicaré a continuación.

1.1. Impactos sobre el medio humano

La palabra "impacto" suele asociarse a connotaciones negativas, pero técnicamente no tiene por qué indicar un efecto dañino. Para empezar, en este apartado de impactos directos sobre la actividad humana, puede reconocerse un leve impacto positivo, ya que la actividad minera, como toda actividad laboral, genera puestos de trabajo (empleados directos de la explotación minera, mayor consumo de combustible, transporte, potenciación del sector terciario cercano,...)

Sin embargo, este aumento de puestos de trabajo es muy esporádico y se concentra en las épocas favorables para la extracción. Ello implica grandes fluctuaciones demográficas.

No podemos olvidar, no obstante, los peligros para la salud de los trabajadores que conlleva la minería (las lesiones pulmonares por asbesto, la inhalación de vapores tóxicos de metales como el mercurio o el arsénico y productos empleados en su extracción,... son ejemplos entre otros muchos). A ellos conviene añadir el riesgo de hundimiento que existe en minas subterráneas.

Como principal impacto negativo, la actividad minera provoca un cambio drástico en los usos que el ser humano puede hacer del suelo, que pasa a ser prácticamente inutilizable para explotación ganadera, agrícola o forestal.

En este apartado deberíamos hacer mención también a la contaminación acústica, producida en gran medida por las máquinas, los procesos de transporte,...

Además, todos los procesos de voladura llevan asociada la producción de una onda expansiva, que puede tener efectos sobre las personas y la fauna cercana.

1.2. Impactos sobre el suelo

Además de que se transforma en un suelo improductivo, como ya he comentado, los usos mineros conllevan el vertido directo de sustancias tóxicas o el proveniente del lavado de estériles.

La pérdida de la productividad del suelo va asociada al inicio de procesos de desertificación, por lo que la minería contribuiría, en cierta forma, al avance de este proceso (el problema de la desertificación será tratado con más detalle en el tema 50).

Cabe destacar la alteración de numerosas propiedades físicas del suelo, como la textura (porosidad, permeabilidad,...), variaciones en su nivel freático.

Debido a la presencia de efluentes líquidos, propios de la misma actividad minera, pueden generar vertidos ricos en metales tóxicos (cobre, plomo, cadmio, mercurio,...), metaloides (As) e hidrocarburos.

Paralelamente, puede generarse la acidificación del suelo, por la oxidación de sulfuros y posterior drenaje ácido, así como un incremento de la salinidad por acumulación de sulfatos. Este fenómeno suele darse por la hidrólisis y oxidación de sulfuros, en especial pirita (por cada molécula de sulfuro de hierro que entra en el proceso, se forma una molécula de hidróxido de hierro –limonita- y 3 protones son vertidos al medio, acidificándolo).

1.3. Impactos sobre el paisaje

El uso del paisaje como un recurso generador de réditos económicos se ve muy limitado en las proximidades de explotaciones mineras. Esta pérdida de "calidad visual" del paisaje no tiene únicamente un valor económico o estético, sino que afecta directamente a comportamientos de la fauna del lugar, alterando su nicho ecológico habitual.

Paralelamente, la actividad minera modificará considerablemente los movimientos de ladera. Este efecto, unido a las posibles subsidencias o excavaciones superficiales, puede generar variaciones del nivel freático y, en consecuencia, hundimientos del terreno.

1.4. Impactos sobre la flora y la fauna

He comentado ya la pérdida de vegetación, debida a una transformación de los usos del suelo. Esta limitación del crecimiento de vegetación no afecta sólo a la zona directamente explotada sino tambiéna sus alredededores, La acumulación de polvo sobre las hojas dificulta procesos como la fotosíntesis y la transpiración.

Al igual que para la especie humana, la contaminación acústica afecta a la fauna, especialmente a las aves, que, debido al exceso de ruido, pueden abandonar a sus crías en los nidos.

Así mismo, existe un riesgo de contaminación de acuíferos y aguas superficiales, por los vertidos comentados anteriormente, que puede afectar notablemente a la fauna piscícola de la zona.

1.5. Impactos sobre el patrimonio cultural

Eventualmente, si no se siguen los controles adecuados, puede entrar en conflicto una explotación minera con un yacimiento paleontológico o arqueológico, pudiendo causar daños en él si no se procede con sensatez.

1.6. Impactos sobre la atmósfera

Los impactos en este apartado son bajos en comparación con las actividades industriales. Suelen aparecer cuando la minería se asocia con el tratamiento mineralúrgico o industrial del producto extraído (ejemplos son las centrales térmicas situadas en las cuencas de extracción de lignito, o las cementeras situadas justo al lado del yacimiento).

Podemos señalar, de nuevo, la contaminación acústica.

Como consecuencia de los trabajos de extracción, o de transporte, o como efecto de la acción del viento sobre el sedimento fino, suelen darse emisiones importantes de polvo a la atmósfera.

Se emiten también gases como consecuencia de...

- La actividad de las máquinas (dióxido de carbono, monóxido de carbono, grisú,...)
- El propio material extraído (compuestos de fórmula NOx, SOx, COx)
- Los procesos de voladura
- Pirometalurgia (dióxido de azufre)

En procesos de hidrometalurgia, para favorecer la extracción de ciertos minerales, pueden emplearse productos tóxicos, que dan lugar a la formación de aerosoles peligrosos. Por ejemplo, suele emplearse ácido sulfúrico en la extracción de cobre, o cianuro de sodio para la extracción de oro.

1.7. Impactos sobre las aguas

La actividad minera puede implicar un estrechamiento de la zona no saturada de un suelo (la que evita la entrada de contaminación a un acuífero). Esto provocaría la pérdida de capacidad de acuífero para prevenir la entrada de vertidos tóxicos, que, como ya he comentado, pueden producirse con frecuencia.

La pérdida de terreno superficial, además, puede afectar a la hidrodinámica interna de los acuíferos.

Tanto en aguas profundas como en las más superficiales existe un riesgo de contaminación por vertido de productos tóxicos derivados de cualquier fase de la explotación.

Una consecuencia posible de la acción de la actividad minera es la modificación del nivel de base de un curso fluvial, con la consecuente modificación del perfil y trazado del curso, la variación del ratio entre las tasas de erosión y sedimentación, incremento del riesgo de inundación por modificación de la hidrodinámica del río (que no está adaptada a las nuevas condiciones),...

Otra modificación importante de la dinámica fluvial viene del contínuo aporte de sedimento, que aumenta la carga de fondo y en suspensión, modificando también la tasa de sedimentación aguas abajo, con peligro de colmatación de pequeñas represas.

Se han dado casos (p.e. en la bahía de Portman) en los que la actividad minera ha requerido del cierre de un entrante de agua, perdiendo así el mar este volumen de agua y esa posible zona de drenaje de forma definitiva. Antes de 1958, la bahía de Portman estaba ocupada por mar. Actualmente es una masa terrestre que alberga una antigua mina.

2. IMPACTOS DERIVADOS DEL USO DE LOS COMBUSTIBLES FÓSILES

Podemos señalar los siguientes impactos negativos:

a) Riesgo de agotamiento del recurso → las reservas de todos los combustibles fósiles son limitadas, dado que provienen de procesos de formación que han durado miles de años.

   Antes del "agotamiento real" puede llegarse a un agotamiento convencional, es decir, provocado porque el coste de extraer el recurso es tan elevado que no resulta rentable.

b) El tratamiento de los combustibles fósiles en sus diferentes fases de desarrollo (extracción, refinado, transporte,...). Conlleva un riesgo importante, que podríamos considerar como un impacto negativo en las actividades humanas.

c) Las mareas negras, derrames de barcos transportadores de petróleo han causado la muerte de una gran cantidad de fauna marina en los últimos años. El petróleo que flota sobre el agua impide la entrada de oxígeno, dificulta el paso de luz, y el sesgo infringido a los procesos tróficos es considerable.

d) Las centrales térmicas que emplean combustibles fósiles vierten el agua a sus cauces originales a una temperatura mayor que la propia del cauce. Este fenómeno (denominado contaminación térmica) resulta problemático para la fauna.

e) La combustión de estos materiales emite numerosos gases a la atmósfera, con efectos muy diversos

   - Cenizas y partículas en suspensión → que pueden ser desebcadenantes del smog (una descripción detallada de este fenómeno se verá en el tema 50)
   - Dióxido de carbono y metano (dos gases especialmente importantes en el incremento del efecto invernadero) → ver tema 50 para una explicación detallada de este fenómeno
   - Metales (por ejemplo, el plomo que se usa como aditivo en algunas gasolinas)
   - Monóxido de carbono → su toxicidad reside en dos características:

- es mucho más afín que el oxígeno por la hemoglobina
- su unión tiene un cierto carácter irreversible (no es fácil recuperar la hemoglobina original) → por estas dos razones, el monóxido es altamente tóxico
  - óxidos de azufre y nitrógeno, qe pueden derivar en la formación de la lluvia ácida → ver descripción detallada de este fenómeno en tema 50
  - dióxido de nitrógeno → resulta peligroso porque, al padecer una reacción de fotólisis, puede producir ozono, que resulta tóxicopor inhalación

ALGUNOS EFECTOS, COMO SE HA COMENTADO, SON GLOBALES Y ESTÁN EXPLICADOS EN EL TEMA 50. CONVIENE, NO OBSTANTE, QUE EL OPOSITOR LOS CITE EN ESTE TEMA TAMBIÉN.

3. EVALUACIÓN DE LOS IMPACTOS AMBIENTALES

La expresión "evaluación del impacto ambiental" se ha estandarizado en el contexto de las ciencias medioambientales y hace referencia al conjunto de procedimientos mediante los que tratamos de conocer si un impacto será beneficioso o perjudicial, cuál será la magnitud de este impacto, y sobre qué colectivo (humano, faunístico, paisajístico, interés económico particular...) recaerá dicho impacto.

Se han elaborado índices y metodologías estándar para realizar la Evaluación de Impacto Ambiental de una actividad. Incluso, se ha estipulado por ley qué actividades deben someterse a este tipo de análisis.

La primera referencia legal a este respecto en España, y la que habitualmente se cita en los libros de Ciencias de la Tierra y Medioambientales, es el Real Decreto Legislativo 1302/86, en el que se especifican una serie de actividades que deben someterse obligatoriamente a esta evaluación. Tales son las plantas de almacenamiento de residuos peligrosos, las refinerías de petróleo, las centrales térmicas,... No obstante, la inclusión de nuevas actividades en esta lista es bastante contínua. Publicándose con mucha frecuencia instrucciones en el BOE a este respecto.

Una de las metodologías más usadas en la elaboración de una Evaluación de Impacto Ambiental es la que emplea la Matriz de Leopold. Se trata de una matriz que combina 100 acciones posibles y 88 factores ambientales que pueden ser afectados. Si una acción afecta a un factor determinado, en la casilla en que se cruzan se ponen, separados por una barra inclinada, dos valores (M/I):

- M indica la magnitud del impacto (esta puede medirse empleando diversos parámetros, p.e. concentración de cloro hallada, descenso en cm del nivel freático, aumento de la salinidad, superficie vegetal en m^2 destruida,...)
- I es un índice que dice si ese factor es importante o no lo es, a los efectos que se buscan. Respondería a preguntas como ¿se ve mucho la superficie quemada?, ¿son importantes los arbustos perdidos?,...

Finalmente, señalar que la evaluación de impacto ambiental es sólo el primer paso que debe superar una actividad para ver si se realizará o no. Esta sería la fase técnica. Seguidamente, la autoridad competente ha de elaborar una resolución, tras una fase de participación pública, en la que dictamine la viabilidad o no de la actividad.

4. CONCLUSIÓN

He tratado de describir los principales impactos generados por la explotación de los recursos de la geosfera. En concreto, me he centrado en dos de sus manifestaciones más claras, como son la minería y el uso de los combustibles fósiles. Finalmente, he expuesto brevemente en qué consisten los protocolos de evaluación ambiental, con los que doy por terminada mi exposición.

Bibliografía útil:

ANGUITA, F. (1991) "Procesos geológicos internos". Ed. Rueda.

ANGUITA, F. y otros. (1993) "Procesos geológicos externos y Geología ambiental". Ed. Rueda.

MELÉNDEZ, B. y otros. (2001) "Geología". Ed. Paranimfo.

TARBUCK, E.J. y LUTGENS, F.K. (2005) "Ciencias de la Tierra: una introducción a la geología física", Ed. Prentice-Hall

STRAHLER, A. (1997) "Geología Física". Ed. Omega.

TEMA 9

LAS TEORÍAS OROGÉNICAS. DERIVA
CONTINENTAL Y TECTÓNICA DE PLACAS

0. INTRODUCCIÓN

Los diversos accidentes geográficos y paisajes que nos encontramos hoy día son, en gran mediad, el resultado de los movimientos de las placas tectónicas. A lo largo de la historia se han postulado diferentes teorías para explicar el origen de estas estructuras.

Varios siglos de estudio han contribuido a dibujar el mapa actual de conocimientos sobre la dinámica litosférica. El interés de estos conocimientos reside en que nos explican la história mecánica que ha dado origen toda una serie de paisajes y estructuras que pueden observarse a escala global.

A continuación, trataré de resumir ordenadamente, y de forma necesariamente breve, este mapa de conocimientos. Lo haré según el siguiente orden... (es muy conveniente exponer con claridad el orden que se va a seguir, leer el índice de una forma ágil)

1

1. LA EVOLUCIÓN DE LAS TEORÍAS OROGÉNICAS

Las teorías orogénicas que se han postulado a lo largo de la historia intentan explicar la formación de los orógenos, que son el conjunto de procesos que dan lugar a la formación de cadenas montañosas. Podemos clasificar estas teorías en dos grandes grupos.

1.1. Teorías fijistas o verticalistas

Postulan que la causa inicial de la orogenia es un movimiento vertical de elevación. No incluyen como causa el movimiento de los continentes. Las más importantes son:

- Teoría del geosinclinal (Hall, 1859 y Dana, 1873) → La idea inicial de Hall postula que una orogenia siempre va precedida de un primer movimiento de subsidencia (provocado por la acumulación de sedimentos en una cuenca profunda). Al alcanzar estos sedimentos una profundidad suficiente que permitiese su fusión, se produciría la deformación de toda la serie estratigráfica.

  Dana modificó esta idea proponiendo que la tensión era producida por la pérdida de volumen de la superficie terrestre.

- Teoría de las undaciones (Haarman y Van Bemmelen, 1930) → Propone dos fases para la formación de una cadena montañosa. La primera fase (tectogénesis primaria) estaría caracterizada por la formación de un gran abombamiento de la corteza (geotumor), como resultado de un proceso de individualización y ascenso de la masa magmática ligera de composición granítica del manto superior (el astenolito). En la segunda fase (tectogénesis secundaria), el abombamiento (también llamado undación) favorecería la formación de una serie de deslizamientos gravitacionales que originarían las estructuras de formación observadas (fallas, pliegues y mantos de corrimiento). Esta teoría a tenido bastante importancia durante gran parte del siglo XX.

- Teoría de la oceanización (Beloussov 1967) → Propone que ciertas zonas de la corteza continental pueden ser invadidas por masas de magama básico (típicamente oceánico), aumentando considerablemente su densidad. Esto generaría un levantamiento relativo de los bloques de corteza continental contiguos, con las lógicas consecuencias de la formación asociadas. La objeción más importante contra esta teoría es que la inserción de material magmático básico no justifica que una masa continental se torne más densa que el manto subyacente.

1.2. Teorías orogénicas movilistas u horizontalistas

Postulan que los movimientos horizontales de los continentes son la causa de la elevación de las montañas. Inicialmente, no fueron aceptadas porque se debían aportar previamente pruebas demostrativas de este momento horizontal de los continentes. Podemos distinguir dos teorías dentro de este grupo:

- Teoría de la deriva continental (Alfred Wegener, 1912) → Postula que los continentes se han desplazado horizontalmente repetidamente en la historia de la Tierra, separándose a partir de una única masa de tierra (Pangea) hasta adoptar su configuración actual. Wegener realizó la consideración de que los continentes eran masas de sial (de densidad menor) que flotaban en masas de sima (de densidad mayor). Este mecanismo de flotación, unido a la rotación de la Tierra, hacía que se desplazasen deformando los continentes de los bordes y formando cordilleras.

  Durante la década de los 30, se empezó a hablar de las corrientes de convección del manto como posible explicación de los postulados de la deriva continental.

- Teoría de la tectónica de placas → Recoge las dos ideas anteriores (movimientos horizontales y corrientes convectivas), añade observaciones experimentales tanto del exterior como de la geodinámica interna, e integra toda esta información en un marco teórico explicativo de la dinámica de las placas tectónicas.

2. TEORÍA DE LA TECTÓNICA DE PLACAS

Esta teoría se basa en los siguientes conceptos básicos

- Existe una capa interna de la Tierra (75-250 km de profundidad, la astenosfera) que se comporta plásticamente y contrasta en este sentido con la capa inmediatamente superior (la litosfera) que es mucho más rígida.

- La litosfera está dividida en fragmentos (placas), que se mueven horizontalmente y en cuyos bordes resulta frecuente la aparición de fenómenos sísmicos.

- Empleando una escala temporal geológica, podríamos decir que la litosfera oceánica se recícla a gran velocidad, generándose y destruyéndose de forma contínua. Se crea en las dorsales (bordes constructivos) y se destruye en las zonas de subducción (bordes destructivos, también denominadas zonas de Wadati-Benioff), marcadas por la presencia de una fosa oceánica. Las interacciones entre placas dan lugar a un tercer tipo de bordes: los bordes pasivos, con fallas transformantes, donde se produce un desplazamiento lateral. Cada placa tiene un polo de rotación, siendo cerca de este la velocidad de movimiento moderada y aumentando a medida que nos alejamos de él. Los movimientos de las placas están interrelacionados en todo el planeta.

- Por lo general, la actividad geológica intensa se produce en los bordes de placa, salvo en dos circunstancias:

    o Cuando la colisión es muy fuerte, pudiendo afectar la deformación a toda la placa.
    o Cuando existen puntos calientes que generan cadenas de volcanes intraplaca.

- A veces puede crearse un borde constructivo satélite, cuando el calor de la subducción puede volver dúctil la litosfera circundante e incluso fundirla parcialmente. Esta actividad podría llegar a separar el continente de su borde. Si esto se produce, se denomina extensión tras-arco (se da en varios mares interiores de Asia). Este se considera el cuarto proceso básico de la tectónica de placas (construcción, destrucción, deslizamiento pasivo, estensión tras-arco).

3. PRINCIPALES PLACAS LITOSFÉRICAS

Las principales placas litosféricas son 16 y se muestran en el siguiente dibujo.

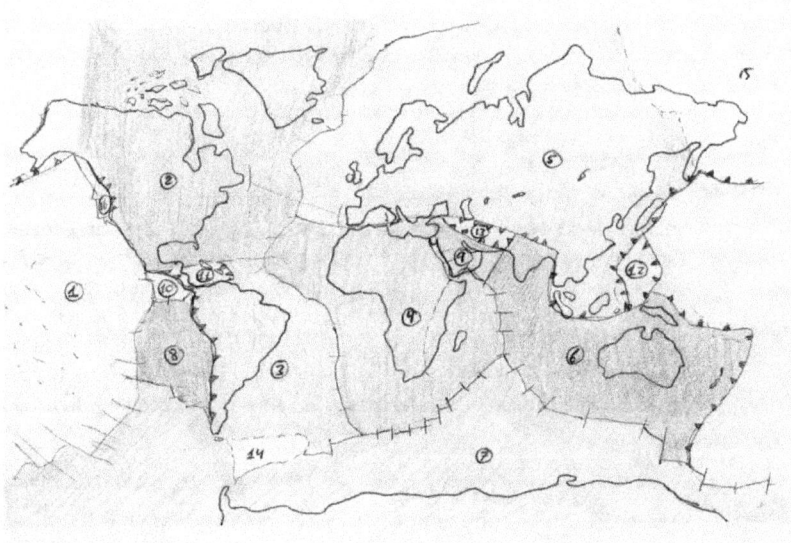

1. Pacífica
2. Norteamericana
3. Suramericana
4. Africana
5. Euroasíatica
6. Australoíndica
7. Antártica
8. De Nazca
9. Arábiga
10. De Cocos
11. Caribeña
12. Filipina
13. Persica (o Iránica)
14. Escocia
15. Norasíatica
16. Juan de Fuca

4. PRUEBAS DE LA TECTÓNICA DE PLACAS

4.1. Pruebas oceánicas

Señalaré cinco pruebas basadas en evidencias que se encuentran sobre la corteza oceánica

1. Volumen y distribución de los sedimentos en las cuencas oceánicas

   La capa sedimentaria que hay sobre la corteza oceánica presenta un espesor medio de tan sólo 1,3 km. Si contamos una edad de la Tierra de más de 4000 m.a., este espesor tan escaso sólo se entiende si los fondos oceánicos se han renovado recientemente. Cerca de las dorsales la capa de sedimentos es menor o incluso inexistente, mientras en los bordes convergentes hay espesores mucho más elevados (hasta de 13 km). Estos sedimentos no se detectan justo en la fosa, ya que, o bien han sido subducidos, o bien anexionados a las masas continentales.

2. Edad de la corteza oceánica

   Las rocas de la corteza oceánica son muy jóvenes (150-180 m.a., observándose una variación de esta edad entre las rocas más jóvenes (cercanas a la dorsal) y las más viejas (alejadas de ésta).

3. Bandeado magnético

   El estudio del magnetismo remanente demuestra que el campo magnético ha sufrido diversos cambios de polaridad (inversiones) durante la historia de la Tierra. Al comparar el perfil magnético de ambos lados de la dorsal se vio que la simetría de bandeado era casi perfecta, lo que demuestra que las dorsales han estado generando material hacia ambos lados de ellas.

4. Sismicidad

   La evolución de la distribución de los focos sísmicos cercanos a las dorsales refleja movimiento de distensión. La de los cercanos a las fallas transformantes indica la existencia de deslizamiento lateral. Finalmente, si observamos la progresión temporal de la ubicación de terremotos en zonas cercanas a bordes destructivos, se evidencian movimientos compresivos.

5. Flujo térmico en las cuencas oceánicas

Las dorsales presentan un flujo térmico superior al promedio de las llanuras abisales, mientras que en las fosas es de la mitad. El flujo vuelve a ser muy alto tras las zonas de subducción.

4.2. Pruebas continentales

Citaré seis evidencias que apoyan la tectónica de placas a partir de datos observados sobre la corteza continental.

1. El encaje de Pangea

Es bastante evidente la existencia de un encaje geométrico entre algunas superficies continentales (como por ejemplo África y América). La idoneidad de este encaje queda aún más manifiesta si consideramos como límite de las masas continentales la línea media del talud continental. Este argumento es apoyado por la presencia en la historia de varios datos coincidentes en las masas continentales implicadas (orógenos, efusiones basálticas,...), que desaparecen bruscamente desde el momento en que Pangea deja de ser un continente único.

2. Pruebas paleontológicas

Encontramos varios ejemplos de este tipo de pruebas.

La distribución de los corales actuales se sitúa entre los 30° de latitud norte y los 30° de latitud sur. El registro fósil conocido actualmente aporta pruebas de que existieron corales en zonas (por ejemplo Escandinavia) en el rango 80° N-40°S.

Estudiando la convergencia/divergencia de formas fósiles puede seguirse al migración histórica de ciertos animales. Por ejemplo, se sabe que con los primeros contactos entre la India y Eurasia, ciertos mamíferos migraron a la India.

El último ejemplo que citaré de este tipo es el referente a la ruptura de provincias biogeográficas. Por ejemplo, *Mesosaurus* presenta una provincia biogeográfica disjunta, con fósiles en la cuenca del Paraná y en Sudáfrica y Namibia

7

3. Pruebas paleoclimáticas

Se conoce la existencia de depósitos glaciares contemporáneos en Sudamérica, África, la Antártida, Australia y la India, residuo de una glaciación de hace entre 320 y 270 m.a. Todo parece indicar que estos continentes estaban cerca del Polo Sur.

4. Pruebas paleomagnéticas

Una roca con magnetismo permanente da dos clases de información: la dirección magnética de las líneas de fuerza en el momento actual, y la inclinación de las antiguas líneas de fuerza en ese mismo punto, que apuntan al antiguo polo magnético. Se define como trayectoria de migración polar a la curva resultante de unir las posiciones del polo geomagnético a lo largo del tiempo geológico para un continente. La observación de estas trayectorias, evidencia claramente un movimiento continental.

5. Sismicidad en las zonas de subducción

La distribución de los hipocentros sísmicos se produce en un plano inclinado en el sentido de avance de la placa que subduce (plano de Benioff). La distribución superficial de movimientos sísmicos es una prueba clara del movimiento de la masa continental

5. ¿CUÁL ES EL MOTOR DEL MOVIMIENTO DE LAS PLACAS?

Podríamos decir que en la actualidad no existe un acuerdo claro sobre este punto. Sabemos con bastante certeza que las placas se mueven, pero no nos hemos puesto de acuerdo, mediante un modelo físico contundente, sobre el mecanismo que consigue esta dinámica. No obstante, los investigadores parecen coincidir en las siguientes afirmaciones:

- Algún tipo de flujo convectivo del manto rocoso (de 2900 km de espesor) impulsa el movimiento de las placas.

- Los materiales provinientes de los procesos de subducción nutren la porción fría de la corriente de convección del manto, que se mueve hacia abajo, mientras la corriente convectiva ascendente es la que aporta los materiales de elevada temperatura a las dorsales oceánicas y las plumas calientes que alcanzan la superficie.

- En definitiva, es la distribución desigual del calor en el interior de la Tierra la circunstancia que provoca el movimiento de las placas, pero las piezas concretas que articulan este mecanismo no son conocidas.

En resumen, estamos de acuerdo en ideas globales, generales, basadas en la imagen del manto como una cinta transportadora sobre la que se articula toda la dinámica litosférica. Pero aún (en palabras de Edward J. Tarbuck, Ciencias de la Tierra '2005) "no se conoce con ningún grado de certeza la naturaleza precisa de esta corriente de convección".

Continuaré esta explicación en el siguiente orden. Primero comentaré cuales son las principales fuerzas que parecen impulsar el movimiento de las placas. A continuación, expondré los principales modelos que tratan de aproximarse a la integración de esas fuerzas en un marco teórico robusto.

5.1. Fuerzas que afectan al movimiento de las placas

Existen básicamente tres fuerzas que impulsan el movimiento de las placas (la fuerza de arrastre de la placa, la fuerza de empuje de la dorsal y la fuerza de succión de la placa) y dos que tienden a impedir este movimiento (fuerza de resistencia de la placa y fuerza de arrastre del manto).

a) Fuerzas impulsoras.

A medida que la litosfera se hunde en la astenosfera, tira de su propia placa (fuerza de arrastre de la placa). Las dorsales oceánicas están más elevadas que las fosas. Esto genera un impulso, basado en la gravedad, dirigido hacia estas últimas (fuerza de empuje de la dorsal). Cuando la litosfera subduce, de alguna forma reordena el manto adyacente y este movimiento del manto tiende a succionar las placas cercanas, de forma similar a cuando se saca el tapón de una bañera (fuerza de succión de la placa).

b) Fuerzas de frenado

Cuando una placa en subducción roza con la capa suprayacente, se produce una resistencia mecánica, cuya magnitud es proporcional a la actividad sísmica detectada en superficie (fuerza de resistencia de la placa). En ocasiones el manto subyacente (la misma astenosfera) presenta un movimiento inherente de sentido contrario al de la placa que subduce (fuerza de arrastre del manto).

5.2. Modelos sobre la naturaleza del mecanismo convectivo

Comentaré básicamente tres de ellos.

a) Estratificación a 660 Km

Este modelo propone una doble célula convectiva. La más superficial llegaría a los 660 km de profundidad y la siguiente se situaría desde allí hasta el núcleo externo. Este modelo explica bien porque las lavas de las dorsales oceánicas (provinentes de la capa convectiva superior, que está bien mezclada) difieren en composición de las lavas de los volcanes de Hawaii (procedentes de puntos calientes originados a mayor profundidad)

b) Convección de todo el manto

Propone una célula convectiva única, alimentada por las masas subducidas, que podrían descender hasta el manto inferior. Análogamente, sería frecuente el ascenso de materiales calientes del manto profundo hacia la superficie. Una prueba contra este modelo viene de observar que el magma presente en el volcanismo de puntos calientes es de composición más primitiva que otros tipos de magmas, lo que hace difícil suponer un mecanismo de mezcla continua que homogenice la composición del manto.

c) Modelo de capa profunda

Propone también una doble célula convectiva, aportando la posibilidad de:

- Que exista mezcla esporádica entre ambas capas
- Que su límite no se sitúe en una profundidad exacta, sino variable

6. CONCLUSIÓN

Desde las primeras teorías, que trataban de explicar las deformaciones de los materiales terrestres observadas en superficie como el resultado de movimientos verticales de la corteza, hasta la formulación actual de la teoría de la tectónica de placas, ha sido necesario el desarrollo de una gran batería de experimentos que permitieran adquirir lo que he denominado "pruebas de la deriva continental". En referencia a los modelos que tratan de explicar los movimientos convectivos del manto, es esperable una futura clarificación de la mano de la experimentación. En este punto, considero adecuado finalizar mi exposición.

Bibliografía útil:

ANGUITA, F. (1991) "Procesos geológicos internos". Ed. Rueda.

ANGUITA, F. y otros. (1993) "Procesos geológicos externos y Geología ambiental". Ed. Rueda.

MELÉNDEZ, B. y otros. (2001) "Geología". Ed. Paranimfo.

TARBUCK, E.J. y LUTGENS, F.K. (2005) "Ciencias de la Tierra: una introducción a la geología física", Ed. Prentice-Hall

STRAHLER, A. (1997) "Geología Física". Ed. Omega.

TEMA 10

INTERPRETACIÓN GLOBAL DE LOS
FENÓMENOS GEOLÓGICOS EN EL MARCO
DE LA TEORÍA DE LA TECTÓNICA DE
PLACAS.

0. INTRODUCCIÓN

Las estructuras y relieves resultantes de los fenómenos tectónicos son un hecho patente en nuestro mundo cotidiano. Posiblemente, hemos oído hablar de muchos de ellos, como las fallas, los volcanes o los terremotos. Pero existen muchos otros que nos pasan desapercibidos bien sea por su lejanía o por su lentitud. En este tema intentaremos hacer una aproximación a los fenómenos relacionados con la tectónica más representativos. No obstante, son muchos los conocimientos que tenemos al respecto y será difícil explicarlos todos con exactitud. Iremos viendo estos fenómenos a la luz de la Teoría de la Tectónica de Placas. (se trataría de hacer una introducción breve del tema que da a entender, en términos generales, lo que se va a ver, así como las limitaciones de tiempo de que disponemos)

1. LOS FENÓMENOS TECTÓNICOS

1.1. La Deriva continental y la Tectónica de Placas

Este tema sería una continuación del tema anterior. Para comenzar, se podrían tomar algunos datos de del tema 9.

Ya en el 1912, Alfred Wegener propuso una teoría para explicar el movimiento de las placas tectónicas; la llamó **Teoría de la Deriva Continental**. Según esta teoría, los continentes se han movido repetidamente, separándose a partir de una masa única de tierra, llamada Pangea, hasta su configuración actual.

Posteriormente, sobre la base de la teoría de Wegener, se propuso la **Teoría de la Tectónica de Placas**, que es la que está actualmente en vigor. La novedad de esta teoría es que une los datos superficiales, ya observados y descritos por Wegener, fueron complementados con nuevos estudios que se estaban haciendo sobre la geodinámica interna de la Tierra. Esto nos da pie a explicar mucho de los fenómenos que observamos a nuestro alrededor y que se derivan de fenómenos tectónicos.

1.2. Fenómenos y estructuras tectónicas

La dinámica interna de la Tierra se manifiesta en una serie de fenómenos y estructuras característicos. Su estudio también nos ayudará a interpretar procesos como los terremotos y los volcanes.

Los fenómenos que la Tectónica de Placas nos ha de explicar destacamos los siguientes:

- Cadenas montañosas
- Dorsales oceánicas y rifts continentales
- Volcanes y zonas con elevado flujo térmico
- Fosas oceánicas
- Arcos de islas
- Terremotos

1.3. Tipos de bordes de placas

Entre las placas que forman la corteza terrestre se dan diferentes tipos de uniones. Algunas de éstas se encuentran en zonas continentales, mientras que la mayoría están bajo el agua.

En términos generales, existen tres tipos de bordes de placas, que veremos a continuación.

1.3.1. Constructivos.

Son bordes en que se generan nueva corteza. Son las dorsales que, por términos generales, se encuentran en el centro de los grandes océanos. Así, por ejemplo, tenemos la dorsal atlántica, en medio del océano Atlántico, la dorsal pacífica, que recorre el océano Pacífico. Éstas u otras dorsales pueden llegar a emerger e introducirse en medio de un continente, como es el caso del la dorsal atlántica que emerge en Islandia, o el rift Valley, en África, que es una dorsal continental.

1.3.2. Destructivos

Se trata de bordes donde se destruye la corteza. Cuando dos placas ejercen esfuerzos opuestos una sobre la otra, al final, una de ella acaba cediendo y se introduce bajo la primera hasta que se pierde en las profundidades del manto. Realmente, en el choque entre dos placas se puede dar los siguientes casos:

- *Que choque una placa continental y otra oceánica.* En este caso, la placa oceánica, más delgada y densa que la continental, se introduce debajo de ésta, y la continental se eleva formando una cordillera montañosa. Este es el caso de las placas sudamericana y pacífica, que dan lugar a los andes.
- *Que choquen dos placas oceánicas.* Al ser dos placas con las mismas características, una de ellas cede y se introduce sobre la otra, que se eleva formando un cordillera o bien un arcos de islas. Esto pasa entre la placa pacífica y la filipina cerca.
- *Que choquen dos placas continentales.* Como son dos placas de gran grosor, las dos tienden a elevarse y formar una cordillera de gran envergadura. Esto sucede entre las placas asiática y la indica, que en su colisión forman la cordillera del Himalaya.

1.3.3. Pasivos.

Son bordes que están en contacto. Pueden bien no tener movimiento, bien moverse paralelamente uno sobre el otro. En estos bordes no se generan grandes estructuras, pero son lugares donde se acumula gran cantidad de energía que puede ser liberada de manera espontánea y de golpe, generando grandes daños y deformaciones. Un caso típico es el de la falla de San Andrés entre las placas pacífica y la norteamericana.

2. LAS DORSALES OCEÁNICAS

2.1. Estructura y dinámica

Las dorsales oceánicas son un sistema de cordilleras submarinas que están interconectadas a lo largo de la superficie del fondo marino. Son estructura con dos crestas montañosas paralelas, elevadas y muy fracturadas. Su anchura estriba entre los 3.000 y los 4.000 Km, y su altura media sobre las llanuras abisales es de unos 3.000 metros. En ellas podemos destacar las siguientes partes:

- *Rift o zona neovolcánica*. Esta es la zona central de las dorsales. Presenta un alto flujo térmico y es por donde tiene lugar la principal salida de lava al exterior. Tiene, aproximadamente, un kilómetro de ancho.
- *Zona de grietas paralelas*. Es una zona contigua a la anterior que se extiende de 0,5 a 2 Km a ambos lados. Presenta gran cantidad de grietas y fracturas.
- *Graderíos tectónicos*. Esta zona es la mayor de todas, hasta 10 Km, pero también la menos definida, con límites imprecisos. Presenta planos de falla que miran hacia el rift, formando una **fosa tectónica**. En ocasiones, en lugar de existir una fosa en el interior, existe una cumbre.

Las dorsales no son completamente continuas, sino que están interrumpidas por una serie de fracturas llamadas **fallas transformantes o fallas de desgarre**. Éstas también se pueden interpretar como fallas que unen los diferentes segmentos de dorsales y rompen, además, las posibles tensiones que se forman entre ellos por su diferente velocidad de desplazamiento.

2.2. Interpretación

Desde el punto de vista de la tectónica global, las dorales son zonas donde se producen nuevos materiales de tipo magmático, basaltos básicamente. Son zonas que presentan un gran flujo geotérmico, la cual cosa las hace interesantes desde el punto de vista del aprovechamiento económico.

La sismicidad en estas zonas es muy elevada, síntoma de la gran actividad que en ellas se producen. Si lo miramos desde dentro de la corteza, se trata de zonas donde rompen las corrientes convectivas que ascienden desde el manto profundo. Estas plumas convectivas, como se suelen llamar, debilitan la corteza oceánica y liberan grandes cantidades de lava y calor.

2.3. Magmatismo y metamorfismo en las dorsales

2.3.1. Magmatismo en las dorsales

Aunque no parezca muy evidente a simple vista, en las dorsales es donse se produce la mayor parte de los procesos magmáticos del planeta. De hecho, todos los fondos oceánicos son de origen magmático y se originaron, en un momento u otro, en las dorsales.

El origen del magmatismo de estas zonas lo hemos de buscar en la columna convectiva sólida que vienen del manto terrestre. A unos 100 Km de profundidad, una parte de esta columna se fundirá y dará lugar a los *magmas basálticos alcalinos*. Si el ascenso es lento, el magma tendrá mayor capacidad ascendente y se separará de la roca y llegará a superficie como un magma más ácido. Si el ascenso es rápido, magma y roca no se separarán, sino que subirán juntos y se fusionarán totalmente, dando lugar a magmas básicos. Este último caso es el que se produce en las dorsales, donde la fracturación facilita el ascenso rápido del magma.

2.3.2. Metamorfismo en las dorsales

En las dorsales unos tipos especiales de rocas, como son los metabasaltos y los metagabros. Éstos pueden conservar la composición química inicial o no, si han sufrido un proceso de metasomatismo, generalmente de tipo hidrotermal por entrada de agua marina. En este metasomatismo se produce un empobrecimiento general de óxidos de calcio y silicio, y un enriquecimiento de agua, y óxidos de potasio y sodio.

En principio, este metamorfismo es de carácter local (se forma cerca de las dorsales), pero en la práctica ocupa la mayor parte de la corteza debido al movimiento de las placas tectónicas.

3. LAS ZONAS DE SUBDUCCIÓN

3.1. Estructura y dinámica de las zonas de subducción

Como hemos comentado anteriormente, en las zonas de subducción se da un hundimiento de una placa bajo otra, y se produce en choques entre una placa oceánica y otra continental, o bien entre dos oceánicas.

La morfología de estas zonas es muy característica. Externamente, observamos una gran acumulación de sedimentos, que son los que transporta la placa oceánica que se sumerge. En ocasiones, también se observa una fosa oceánica cerca de la costa continental. Por otra parte, en el continente observamos una cadena montañosa paralela a la costa, de gran altitud y, frecuentemente, con actividad volcánica importante. En el caso de que choquen dos placas oceánicas, se forman arcos de islas con características similares a las cordilleras litorales.

Otro fenómeno importante que se observa es la existencia de temblores sísmicos. Éstos tienen una cierta tendencia a poseer su hipocentro cerca de la superficie los que se encuentran cerca de la fosa, mientras que los que se encuentran hacia dentro del continente, posee su hipocentro a mucha más profundidad.

3.2. Interpretación

La interpretación de los fenómenos que observamos al vamos a encontrar en la forma de emplazamiento de las dos placas.

Por una parte, la gran acumulación de sedimentos procederá del mismo proceso de hundimiento, es decir, parte de los sedimentos que transportaba la placa se hunden con ella, y parte se acumulan cerca de la superficie formando un **prisma o cono de acreación**. A veces, se encuentran fosas cercanas a estos sedimentos; éstas se crean por la misma inclinación de la placa que al hundirse crea este vacío que son, además, las zonas más profundas de los fondos oceánicos. Las cadenas montañosas, por el contrario, se elevarán por la fuerza que ejerce la placa que se hunde, que levantará, al mismo tiempo, a la otra.

Por otra parte, durante la penetración de una placa bajo la otra se produce un rozamiento continuo entre ambas, lo que nos producirá una serie de consecuencias muy significativas. En primer lugar, este calor generará transformaciones en las rocas que generarán minerales significativos, como veremos en el siguiente apartado. Este calor, no obstante, llegará a fundir parte de la roca, que ascenderá en forma de plumas y que formarán los volcanes que observamos en superficie.

Finalmente, vemos que en estas zonas existe también una gran actividad sísmica asociada. En el **plano de Benioff**, plano inclinado con el que se sumerge la placa oceánica, es donde se encuentran la mayoría de focos de los terremotos de la zona, pues es la zona con más rozamiento. La percepción de los focos sísmicos superficiales cerca de la costa se debe a que el plano de Benioff está aún cerca de la superficie. En cambio, hacia el interior del continente, este plano queda a mayor profundidad y, por consiguiente, también los focos de los seísmos.

3.3. Magmatismo y metamorfismo en las zonas de subducción

3.3.1. Magmatismo en las zonas de subducción

La subducción de la litosfera oceánica produce magmas básicos, generados en el manto, o intermedios que se emplazan en la corteza inferior. Esto producirá un calentamiento de las rocas que se encuentren por encima, generando magmas ácidos, que se mezclarán con los magmas básicos generando magmas intermedios. Éstos se desplazarán más hacia arriba, bajo las montañas, generando bien plutones, bien volcanes, si llegan a alcanzar la superficie.

En el caso de que choquen dos placas oceánicas, se formarán **arcos-islas** (arcos de islas). Al igual que en el caso anterior, la fricción de las placas generará calor que se transmitirá hacia arriba, fundirá la roca y llegará a la superficie para formar islas volcánicas. El hecho de que se formen islas volcánicas con forma arqueada tiene que ver con la esfericidad de la Tierra. Es decir, la placa que se hunde encuentra menor espacio en el interior del manto, por lo para entrar se curva.

3.3.2. Metamorfismo en las zonas de subducción

En las zonas de subducción se forman dos cinturones típicos de rocas: uno regional de alta presión y otro regional de baja presión. El de alta presión coincide con el complejo subductivo formado junto a la fosa oceánica, mientras que el de baja presión rodea al anterior. La presión será mayor cuanta mayor sea la velocidad de subducción de la placa.

4. LOS BORDES PASIVOS

Los bordes pasivos de placa son aquéllas zonas que limitan placas, pero que no se producen ni expansión ni subducción. No encontraremos en esta zonas, por tanto, materiales magmáticos.

La actividad geológicas en estas zonas queda limitada a desplazamientos horizontales de las mismas, que puede tener, como hemos visto antes, una actividad sísmica elevada de manera puntual. Casos de esto los tenemos en la falla de San Andrés, en Estados Unidos, que genera terremotos catastróficos distanciados varias décadas unos de otros. Otro caso conocido es el borde pasivo que separa la placa australoíndica y asiática, que en 2004 generó cerca de Sumatra un gran tsunami por un deslizamiento brusco del borde de unión que estaba sumergido en el mar.

Aunque el magmatismo no se importante en estas zonas, el metamorfismo sí lo es. En estas zonas, el metamorfismo es de tipo cataclático. Ocurre a baja temperatura, pero a muy altas presiones generadas por la fricción entre rocas, pudiendo llegar a fundir rocas con producción de vidrios.

5. LAS DEFORMACIONES TECTÓNICAS

A escala mucho menor que las vistas hasta ahora se forman los pliegues y fallas. Afectan a nivel regional y local, y se pueden encontrar en ellas huellas de la actividad tectónica actual y pasada. Vamos a ver los dos tipos de deformaciones más importantes que se forman en el terreno a esta escala.

5.1. Pliegues

Un **pliegue** es una curvatura de los materiales rocosos sin llegar a romperse, formada por esfuerzos de compresión de la corteza. Si en la curvatura es cóncava se llamarán **sinclinares**, y si es convexa **anticlinares**.

Como partes de un pliegue podemos distinguir:

- **Charnela**: es la parte de máxima curvatura del pliegue.
- **Flancos**: son los planos laterales del pliegue, que se encuentran a ambos lados de la charnela.
- **Plano axial**: es el plano que une las charnelas de los estratos concéntricos del pliegue.
- **Buzamiento**: es el ángulo que forma un flanco con el plano horizontal.

5.2. Fallas

Una **falla** es una fractura en los materiales rocosos y rígidos del terreno de un lugar concreto, por la cual se produce un deslizamiento de los bloques que intervienen. Se pueden formar bien por esfuerzos de compresión o distensión del terreno.

Entre las estructuras de una falla encontramos:

- **Labio levantado**: es el bloque rocoso que queda por encima.
- **Labio hundido**: es el bloque rocoso inferior.
- **Plano de falla**: es la superficie a lo largo de la cual se produce la fractura y el deslizamiento de los bloques.
- **Salto de falla**: es el valor de desplazamiento entre los dos bloques.
- **Escarpe**: es la altura que se han movido los bloques.

De manera genérica, podemos distinguir cuatro tipos básicos de fallas, en función de cómo se produzca el desplazamiento de los bloques.

- **Falla normal**: el bloque hundido monta sobre el levantado. Se produce por esfuerzos distensivos.
- **Falla vertical**: el plano de falla es vertical y los dos bloque se desplazan también en esta dirección.
- **Falla inversa**: el bloque levantado monta sobre el hundido. Se producen por esfuerzos compresivos.
- **Falla horizontal**: plano de falla vertical y los dos bloque se desplazan horizontalmente.

6. VULCANISMO Y TECTÓNICA

Por **vulcanismo** se entiende todos aquéllos procesos que tienen que ver con el ascenso y solidificación de magmas. Como vimos en temas anteriores, un volcán era un punto de la corteza por el cual salían a la superficie materiales magmáticos, procedente de zonas más profundas. Existen diversos tipos de volcanes que estarán relacionados con las características estructurales del medio donde se encuentren.

En resumen, podemos encontrar volcanes asociados a borde constructivos (dorsales), a bordes destructivos formando cordilleras o arcos de islas e, incluso aunque menos frecuente, asociados a bordes pasivos debilitados.

Un caso particular de vulcanismo son los **puntos calientes**. Éstos se forman por el ascenso de plumas convectivas en zonas de intraplaca, generando un volcán o una zona geotérmicamente activa allá donde se encuentren. Las islas Hawai son un ejemplo del primer caso, y el parque Nacional de Yellowstone de Estados Unidos del segundo.

7. SEISMOS Y TECTÓNICA

Un **terremoto** o **seísmo** es un movimiento brusco de la corteza terrestre, más om menos intenso, causado por la dinámica interna de nuestro planeta. En la mayoría de casos, la actividad sísmica puede explicarse por el movimiento de las placas. De hecho, la mayor parte de los terremotos se originan en zonas donde se produce el contacto entre dos placas, aunque puede causar efectos en zonas alejadas.

Son típicos en zonas de subducción, donde se produce una gran fricción entre la placa que se hunde y la que queda por encima, y en los límites pasivos de con fallas transformantes, donde se libera, como ya hemos visto, una gran cantidad de energía en poco tiempo.

En la propagación de un terremoto encontramos dos partes fundamentales:

- El **hipocentro**, que es el punto del interior de la Tierra en el que se origina el terremoto. Es allí donde se han acumulado las tensiones y donde, de repente, se liberan.

- El **epicentro**, que es el punto de la superficie terrestre más próximo al hipocentro. Es, por tanto, el primer punto donde se percibe el movimiento sísmico.

La propagación de un terremoto se realiza mediante ondas sísmicas. Éstas son de diferentes tipos, según la forma en que se transmiten y los efectos que producen. Las más importantes son (ver también el tema 1):

- **Ondas primarias** (**P**): son las que más rápidamente se propagan y las que primero se detectan.
- **Ondas secundarias** (**S**): son las segundas en ser detectadas. No se transmiten por fluidos.
- **Ondas superficiales:** se transmiten por la superficie de la Tierra. Son las que causan los daños asociados a los terremotos.

8. CONCLUSIÓN

Mediante la tectónica de placas podemos explicar muchos de los procesos geológicos que ocurren en nuestro planeta, especialmente a gran escala. Muchos de los fenómenos que hasta hace no muchos años no se sabía cómo explicarlos, recobran nueva luz en el marco de esta nueva teoría. En esta tema he querido expresar algunos de los conceptos e ideas más relevantes respecto a los conocimientos que tenemos hoy días sobre este tema.

Bibliografía útil:

ANGUITA, F. (1988) "Origen e historia de la Tierra", Ed. Rueda.

ANGUITA, F. y MORENO, F. (1991) "Procesos geológicos internos", Ed. Rueda.

JORDÁ, J. F. (1998) "Tectónica de placas. Evolución de las ideas sobre la dinámica interna de la Tierra". Ed. Santillana.

LILLO, J. y otros. (1982) "Geología", Ed. Ecir.

STRAHLER, A. (1997) "Geología física". Ed. Omega